聪颖宝贝科普馆

趣味科学启蒙，给孩子的贴心科普老师

强悍战车

胡君宇 / 编著

辽宁美术出版社

图书在版编目（ＣＩＰ）数据

强悍战车 / 胡君宇编著. — 沈阳 : 辽宁美术出版
社, 2024.7
（聪颖宝贝科普馆）
ISBN 978-7-5314-9759-2

Ⅰ. ①强… Ⅱ. ①胡… Ⅲ. ①战车—青少年读物
Ⅳ. ①E923-49

中国国家版本馆 CIP 数据核字(2024)第 097351 号

出 版 者 : 辽宁美术出版社
地　　　址 : 沈阳市和平区民族北街 29 号　　邮编 : 110001
发 行 者 : 辽宁美术出版社
印 刷 者 : 唐山楠萍印务有限公司
开　　　本 : 889mm×1194mm　　1/16
印　　　张 : 5.5
字　　　数 : 40 千字
出版时间 : 2024 年 7 月第 1 版
印刷时间 : 2024 年 7 月第 1 次印刷
责任编辑 : 王　楠
装帧设计 : 胡　艺
责任校对 : 郝　刚
书　　　号 : ISBN 978-7-5314-9759-2
定　　　价 : 88.00 元

邮购部电话 : 024-83833008
E-mail : lnmscbs@163.com
http://www.lnmscbs.cn
图书如有印装质量问题请与出版部联系调换
出版部电话 : 024-23835227

目录

写在前面 ……………………………… 1

步兵战车

"拳击手"装甲运兵车 ……………………… 2

VBCI 轮式步兵战车 ……………………… 4

"库尔干人"–25 步兵战车 ………………… 6

BMP–3 步兵战车 ………………………… 8

K–21 步兵战车 …………………………… 10

"美洲狮"步兵战车 ……………………… 12

CV90 步兵战车 …………………………… 14

"山猫"KF41 步兵战车 …………………… 16

M2"布雷德利"步兵战车 ………………… 18

"雌虎"重型步兵战车 …………………… 20

主战坦克

"豹"2A6 主战坦克 ……………………… 22

M1A2SEP 主战坦克 ……………………… 24

K2 主战坦克 ……………………………… 26

"梅卡瓦"Ⅳ型主战坦克 ………………… 28

"勒克莱尔"主战坦克 …………………… 30

"挑战者"Ⅱ型主战坦克 ………………… 32

T–90S 主战坦克 ………………………… 34

90 式主战坦克 …………………………… 36

T–84 主战坦克 …………………………… 38

目录

阿琼主战坦克 …………………………………… 40

C1"公羊"主战坦克 ……………………………… 42

M60"巴顿"主战坦克 …………………………… 44

中型坦克

M48"巴顿"中型坦克 …………………………… 46

T-34 中型坦克 …………………………………… 48

T-55 中型坦克 …………………………………… 50

TAM 中型坦克 …………………………………… 52

"黑豹"中型坦克 ………………………………… 54

M4"谢尔曼"中型坦克 ………………………… 56

索玛 S-35 中型坦克 …………………………… 58

轻型坦克

"雷诺"FT-17 轻型坦克 ………………………… 60

M24 轻型坦克 …………………………………… 62

M41 轻型坦克 …………………………………… 64

M551 轻型坦克 ………………………………… 66

蝎式轻型坦克 …………………………………… 68

AMX-13 轻型坦克 ……………………………… 70

PT-76 轻型两栖坦克 …………………………… 72

IKV91 轻型坦克 ………………………………… 74

T-26 轻型坦克 …………………………………… 76

写在前面

　　战车古时便有了，指的是用于陆地上战斗的车辆，需要靠马来拉动。古代战车上的甲士一般为三人，他们各自的称谓叫作"御者""多射""戎右"，分别负责驾车、射击和短兵格斗。现代战车则包括坦克和坦克相伴的战车，坦克活跃于主战场，配合坦克作战的战车则多负责执行作战指挥、后勤支援、物资运输等多种军事任务。1916 年 9 月 15 日，坦克首次出现在战场上，当时丘吉尔将"马克"Ⅰ型坦克首次投入索姆河战役，立下奇功。为了不让敌军过早地意识到该武器的威胁性，当时丘吉尔以"水箱（tank）"为该武器命名，该单词音译过来就是我们常说的"坦克"。自此，坦克开始活跃于世界各地的战场上。它们既能沦为战争发动者的帮凶，又能成为遏制战争爆发的英雄；它以其独特的双重身份和令人恐惧的巨大威力成为战场上的焦点。

　　本书对主流的步兵战车、轻型坦克、中型坦克、主战坦克几种类型，从战车概况、战车数据、战车特点三方面入手进行了详细的讲解，并配有精美的插画图片，使读者能够全面了解现代战车的全貌。除了介绍原型车辆外，书中还涉及部分战车的改型车辆，可以使读者能够更加清晰地了解战车发展过程中产生的衍生车辆，能够对种类繁多的坦克和装甲车迅速了解和分类。

▶组件：装甲采用模块化设计，以钢和陶瓷为制造装甲的原材料，形成组合装甲。顶部装甲防御力最强。

发动机为8缸机械增压柴油发动机，这款发动机产自MTU公司，功率达530千瓦。

配备了一座双人炮塔和一门机枪炮，均产自莱茵金属公司。

解密档案
JIEMI **DANG'AN**

国 别：	德国
乘 员：	11人
全 重：	33吨
武 器：	火炮、机枪

"拳击手"装甲运兵车

德国"拳击手"装甲运兵车被称为"步兵母舰"，预留有多个单兵数据和视频通信接口，以融入作战网络。该装甲车族以装甲运兵车为主，只生产过极少型号的步兵战车，主要装备德国和荷兰两国。

力压同行

　　德国"拳击手"装甲运兵车在设计和制造上投入了大本钱,为它装备了多种先进设备,甚至考虑了装甲车内部的细节问题。这款装甲运兵车在众多装甲运兵车中可谓力压同行,其性能甚至领先向来以先进装备闻名的美军和俄军的装甲运兵车。

环境舒适

　　德国"拳击手"装甲运兵车的悬挂装置和减震系统有比较大的优化,内部空间大,除了装备各种先进设备用于提升装甲车的整体性能外,设计者还考虑了内部环境的舒适问题,在装甲车上安装了大功率的空调系统和简单的环保厕所。这对于经常出没于恶劣环境下的士兵而言简直是福音。

VBCI 轮式步兵战车的防护措施采用模块化设计，其中包括 SIT 终端信息系统、多传感器光电瞄准具和先进的动力系统，作战能力十分优秀，足以应对各种威胁，具有快速适应昼夜作战的能力。

机动性能强

VBCI 轮式步兵战车的机动性强劲，爬坡能力强，能适应各种恶劣地形，还可以使用大型运输机进行空中运输。即便遭遇地雷袭击，该战车在损失一个车轮的情况下还能行驶。此外，该战车具备一定的涉水能力，在没有准备的情况下，该战车能涉水 1.2 米深；在有准备的情况下，该战车能涉水 1.5 米深。

VBCI 轮式步兵战车

法国 VBCI 轮式步兵战车的诞生是为了满足现代战场的需求，由 GIAT 工业公司负责研制，十分注重智能化，其性能先进，作战能力强悍。2004 年 5 月，VBCI 轮式步兵战车的样车——VBCI8 × 8 轮式步兵战车制造完成，该战车采用先进的智能化设备，以轮式结构取代履带结构。VBCI 轮式步兵战车受到法国陆军的欢迎，订购的 VBCI 战车有两款，其中有 550 辆的 VCI(步兵战车)型和 150 辆 VPC(战地指挥车)型。

国　别：	法国
乘　员：	11人
全　重：	26吨
武　器：	火炮、机枪

▶组件：采用"龙"式单人炮塔，这一享有盛名的炮塔是该战车的一大亮点。

综合运用了多种防护措施，整车装甲密度较其他战车要高出许多，防护性能十分完善。

车体由铝合金焊接而成，配备有钛合金装甲护板和装甲碎片衬层，底盘和驱动装置采用框结构。

配备有产自多家公司合作生产的SIT终端信息系统，其中就有较为著名的法国地面武器工业集团公司。

比肩西方

　　"库尔干人"-25 步兵战车与西方顶级步兵战车的被动防御能力及攻击能力基本持平,作为一款传统的装甲运输车,能将防御能力和攻击能力提升到这个地步,已经是十足的进步了。再者,该战车配备的火控系统无疑能有效提升其火力打击效率。

重甲武士

　　对比俄军方现役的其他战车,"库尔干人"-25 步兵战车的防护性能属于顶尖水平,可正面抵挡口径 30 毫米穿甲弹的射击,口径 14.5 毫米的重机枪持续射击也没法奈何该装甲车的正面装甲。如果该战车换上新型复合装甲,美国的陶式反坦克导弹也无法破坏该战车。

"库尔干人"-25 步兵战车

　　"库尔干人"-25 步兵战车是库尔干机械制造厂研制的新一代步兵战车,于 2015 年定型并服役于俄罗斯陆军。该战车诞生的使命在于取代俄军现役的步兵战车,以及以它为基础研发出一系列适用于不同作战环境的战车。当然,这款战车本身的性能也十分强劲,可摧毁敌有生力量、反坦克兵器以及轻型装甲装备。

▶组件：采用 KBP 仪器设计局设计的无人炮塔，配备的自动炮为双路供弹、全稳定式设计。

战车内部配备了两个瞄准具，分别由车长和炮长使用，均加装了激光测距、红外成像、激光驾束制导等功能。

自重25吨，作战时会加装附加装甲和负重轮，全重可达30吨。

上下不便

BMP-3 步兵战车的综合性能较之上两代步兵战车有了较高的提升，但它有一个主要缺点是载员上下车困难。导致该问题出现的原因有两点：一是车后门打开后不能自动形成上下车的台阶；二是战车的内底板太高，载员只能通过车顶窗门才能迅速出入，这样无疑会让载员暴露在对方的火力下。

"火力支援手"

BMP-3 步兵战车装备了低膛压线膛炮和机关炮，射程远、杀伤力强；另外，该战车还配备了炮射导弹和两挺机关枪，使其火力有保障。两挺机关枪能发射多种型号的子弹，其中就包括 3UOF17 及 3OF32 两种杀伤爆破弹。BMP-3 步兵战车还可使用 9K116-3 激光制导导弹，操作简单方便，炮长发射后只需持续瞄准目标直至命中即可。

▶ **组件**：采用多种先进电子系统，包括火控系统、武器系统、通信系统、夜视系统和动力系统等。

箱型车体，车首呈楔形，车位垂直。

采用后置的动力传动装置，这样的设计使得载员室的空间更大，改善了驾驶人员的操作环境。

解密档案
JIEMI　DANG'AN

国　别：	俄罗斯
乘　员：	10 人
全　重：	18.7 吨
武　器：	火炮、机枪

BMP-3 步兵战车

BMP-3 步兵战车是俄罗斯于 20 世纪 80 年代研制的第三代履带式步兵战车，一系列的作战试验证明该BMP-3 步兵战车的整体性能较之BMP-2 步兵战车有了很大的提高。该战车于 1986 年投产，拥有较强的火力系统，在车臣战争中曾多次亮相，主要任务是协同主战坦克作战，以及运输步兵。

9

K-21 步兵战车

K-21 步兵战车诞生于 1999 年 12 月,由韩国国防部负责研制,于 2009 年 11 月正式列装。该战车在机动性、防护性和火力等方面都较为优秀,行驶速度也十分可观。而且,该战车装备有水上漂浮装置和水上推进装置,具备涉水能力,可用于渡河作战。

▶ 组件:装备有一门口径为 40 毫米的机关炮和一挺口径为 7.62 毫米的机枪。另外,该战车还配备了反坦克导弹。

安装有水上漂浮装备和水上推进装置,在水中的航速可达 7.8 千米/小时。

车身为铝合金材质,采用焊接工艺,在车体和炮塔前面安装了空隙附加装甲。

解密档案

JIEMI DANG'AN

国　别:	韩国
乘　员:	12 人
全　重:	26 吨
武　器:	火炮、机枪

优/缺点：

    K-21 步兵战车拥有十分优秀的作战性能，但它的造价相较于美国 M2 式"布雷德利"步兵战车要便宜 100 万美元，每辆战车的价值为 350 万美元左右。从综合造价和性能来看，该战车很符合中东和东南亚地区国家的要求，具备一定的市场优势。

    K-21 步兵战车的测试过程中曾出现过浸水沉没事故，之后韩国军方针对这一缺陷进行了一系列的完善。

沉没事故

    K-21 步兵战车曾多次参加渡河演习，在一次渡河演习中，技术人员正在给一名姓金的一级军士进行技术指导，车内还有一名士兵负责驾驶。但这辆 K-21 步兵战车刚刚驶入水池便沉入水底。斗山公司的技术人员和驾驶员成功逃生，而军士未能逃脱，死于车中。

"美洲狮"步兵战车

　　"美洲狮"步兵战车是 21 世纪初期由德国 PSM 公司研制的一款履带式步兵战车，配备可编程引信的空爆弹，可控制弹药在需要的位置进行爆炸，造成的毁伤效果十分理想。该战车的防护性能和机动性能都很出色，可抵御便携式攻打武器的攻击，在路况较好的环境下可达到 70 千米/小时的行驶速度。

优/缺点：

　　"美洲狮"步兵战车作为一款现代化新型步兵战车，采用多种先进技术，作战性能优秀。战车的火力强悍，配备技术先进的可编程引信的空爆弹；采用的 MT-902 V-10 型柴油发动机属于第四代新型发动机；它的防护装置可选三种不同的级别，以达到控制战车重量的目的，方便空运。
　　"美洲狮"步兵战车装备口径为 5.56 毫米的机枪，这款机枪的射程和杀伤力比起其他战车的辅助机枪都显得不足。

颜值巅峰

　　"美洲狮"步兵战车的防护性能、武器系统和驱动装置都达到了世界先进水平。让军迷意外的是该战车的造型颇具艺术性，比起其他步兵战车，"美洲狮"步兵战车可谓颜值卓越。

国　　别：德国
乘　　员：11 人
全　　重：29.4 吨
武　　器：火炮、机枪

▶组件：战车装备有一门口径为 30 毫米的自动火炮和一挺口径为 5.56 毫米的机枪。

驱动装置采用 MT-902 V-10 型柴油发动机，这一款发动机由 MTU 公司生产，是目前世界上结构最紧凑、重量最轻的一款柴油发动机。

战车本身的防护性能很出色，另可安装附加模块装甲。

CV90 步兵战车

CV90 步兵战车是 20 世纪 80 年代瑞典研制装备的一型履带式步兵战车。瑞典军方对该战车的设计要求是具有良好的战术机动性，能适应瑞典的各种恶劣环境，并且全重不超过 20 吨。该车于 1989 年完成试验测试，1990 年开始批量生产，1993 年正式装备部队，服役于包括瑞典在内的多个国家。

家族兴旺

CV90 步兵战车除了基本型战车外，还发展出可满足不同需求的多种车型，如 PbvL 装甲车、Lvkv A2 自行高炮、Grkpbv 自行迫击炮、Stripbv 指挥车、Epbv 观察车、Bgbv 抢救车和 105 炮轻型坦克等，可谓家族兴旺。

解密档案
JIEMI DANG'AN

国　别：	瑞典
乘　员：	11 人
全　重：	20 吨
武　器：	火炮、机枪

▶组件：战车装甲除了钢装甲和附加装甲外，还附加了芳纶衬层，正面防御力十分可观。

内部分为动力舱和驾驶舱，驾驶舱内设置有三个潜望镜，中间一个潜望镜配置有被动式夜间驾驶仪。

散热器位于车体后部右侧，这一设计与德国"黄鼠狼"步兵战车相似，这样布置的好处是能降低整车的车体高度。

14

火力强大

　　CV90步兵战车的装甲层分为钢装甲、芳纶衬层和附加装甲,它的防护性能曾在阿富汗的作战行动中得到充分验证。当然,比起它的防护性能,该战车的火力性能才是亮点。CV90步兵战车采用40/70B式40毫米电液驱动双人炮塔机关炮。配用的弹种有对付飞机和直升机的近炸引信预制破片榴弹,也有对付地面目标的曳光榴弹和曳光穿甲弹。

"山猫"KF41步兵战车

　　"山猫"KF41步兵战车是由德国莱茵金属公司研制的一款战车，于2018年6月11日在法国国际防务展上公开亮相，代号"山猫"。该款战车采用模块化设计，能满足西方国家对此类战车的实用需求。

模块化设计

　　"山猫"KF41步兵战车采用高度的模块化设计，包括通用驾驶模块和灵活的任务模块。根据任务需求的不同，可快速更换车辆用途，完成人员输送、战场救护、战地指挥和快速抢修等多种任务。"山猫"KF41步兵战车曾在欧洲萨托利防务展上亮相，其快速的改装、变形能力等功能十分突出。

国　别：	德国
乘　员：	11 人
全　重：	44 吨
武　器：	火炮、机枪

▶ 组件：装备有一门 Wotan 35 机炮，发射 35 毫米×228 毫米炮弹。炮塔两侧的武器舱可另外加装反坦克导弹、非瞄准线弹药、无人机等作战装备。

装备有利勃海尔发动机和 Renk 变速箱，另外还配备了一台备用的辅助发电机，可为车内设备供电。

防护性能出色

"山猫"KF41 步兵战车的车体和炮塔都采用装甲钢焊接而成，另外装甲内部和外部分别配备有防剥落衬层和附加装甲，整车全重高达 44 吨，防护性能较之 KF31 步兵战车和德国陆军装备的"美洲狮"步兵战车更强。令人意外的是，该战车还可以继续加装防护装甲，使该战车的防护能力能与主战坦克达到同一水平。

M2 "布雷德利" 步兵战车

　　M2 "布雷德利" 步兵战车于 1980 年定型并投产,是由美国食品机械化学公司负责研制的一款履带式、中型战斗装甲车辆,在 1983 年正式装备美国陆军。作为一款中型战斗装甲车辆,该战车可独立完成多种作战任务,也可以辅助主战坦克作战。

新原理火炮

　　M2 "布雷德利" 步兵战车配备的机关炮虽只有 25 毫米的口径,相较于其他火炮要小不少,但这门火炮的结构设计十分有技巧,为外能源击发的链式炮结构,优势突出,可靠性高,灵活性强。这一火炮结构在其他国家的步兵战车上很罕见。

解密档案
JIEMI DANG'AN

国　别:	美国
乘　员:	10 人
全　重:	22.67 吨
武　器:	火炮、机枪

优/缺点：

　　M2"布雷德利"步兵战车配备的红外热成像瞄准镜在探测和识别能力上都十分优秀，比许多坦克上的红外热成像瞄准镜更加先进，这就出现了坦克乘员需要从 M2"布雷德利"步兵战车乘员那里获得目标的情况。

　　M2"布雷德利"步兵战车除了防御不足外，其武器命中精度也有不足，因为该战车未配备激光测距仪；战车没有导航定位系统，这样当战车处于沙漠地区时定位就比较困难；车内空间不足，乘员能够携带的装备受到限制。

　　▶**组件**：发动机安置在战车的前面，驾驶室后面紧挨着动力传动室。

　　炮塔能实现360°旋转，配备有一门口径为25毫米的机关炮和一挺机枪。

　　战车炮塔的前上部和顶部装备均为钢质，战车前部首上装甲和顶装甲采用5083铝合金，侧部则采用7039铝合金材质的倾斜装甲。

　　战车的发动机为 V TA-903T 型八缸四冲程涡轮增压 V 型水冷柴油机，该款发动机净重1100千克，产自美国康明斯公司。

19

"雌虎"重型步兵战车

"雌虎"重型步兵战车是以色列以"梅卡瓦"4坦克为基础研制的一型重型步兵战车，其配置基本与"梅卡瓦"4坦克相同。该战车的车体重量并不算突出，但以色列军方为它加装了重型模块化装甲组件，导致该战车的全重超过60吨。该战车的诞生是为了应对现代战场上多种反坦克弹药的威胁。

国　别：	以色列
乘　员：	11 人
全　重：	62 吨
武　器：	火炮、机枪

▶ **组件**：沿用"梅卡瓦"3/4 主战坦克的行动配置，装备有一台功率为 882 千瓦的 AVDS 柴油机。装备有一门口径为 60 毫米的迫击炮和一挺口径为 12.7 毫米的机枪。前部安装有三个摄像机，后部安装有一个摄像机，给乘员提供了良好的视野。

操作容易

　　"雌虎"重型步兵战车配备的炮塔可为步兵提供强劲的火力支援，可配合步兵完成作战任务，适用于城市战。该战车的炮塔结构简单、操作容易，完全可以由运兵车车组来进行。另外，该战车的炮塔还安装了主动防御系统，并且有多余的空间加装其他设备，这样的设计进一步提高了炮塔的性能。

游击队的克星

　　"雌虎"重型步兵战车加装了重型模块化装甲组件，这些装甲当中尤以主动反应装甲的设计最为巧妙。它能拦截大部分来袭的飞弹，可避免飞弹对战车内部乘员造成的伤害。战车配备的四个摄像头可侦察车外情形，不需要乘员探头观察。乘员只需要操控威力强悍的机关炮以及机枪对付武装分子即可。此外，车内装备了简易厕所，这样乘员就能够长时间轮番作战。

主战坦克

"豹" 2A6 主战坦克

　　德国"豹"2A6主战坦克是由德国克劳斯·玛菲-韦格曼公司研制的一款坦克,于1999年定型。该坦克最大的特点是换装了55倍口径的120毫米滑膛炮,炮口初速达到1750米/秒,还拥有强力的装甲和动力系统。"豹"2A6可称为世界上火力最强的坦克之一。

顶尖级防御性能

德国"豹"2A6主战坦克的炮塔安装了锲形前装甲防护组件以及防崩落衬层，防御性能十分可靠，防弹能力与400毫米~420毫米厚度的均制钢板相当。就连坦克车向来难以顾及的履带裙板也采用改进的复合装甲，坦克底盘对地雷的防护能力也十分突出，达到了世界顶尖水平。

火力强劲

"豹"2A6主战坦克作为德国的主力战车之一，装备了德国莱茵公司的120毫米滑膛炮，55倍口径Rh120 – L55滑膛炮，这款火炮不仅有着先进的火控系统，还是目前射程最远的坦克火炮，有着精度高、穿透力强的优点。

▶ 组件：采用 MB873KA501 柴油机，功率为1100千瓦，这款发动机是目前世界上最好的发动机之一。

配置有后置摄像机和全球定位导航系统，大大地方便了坦克的驾驶和在各种作战环境中作战。

装备了最新型的120毫米DM53尾翼稳定曳光脱壳穿甲弹，射程可达5000米，穿甲能力强悍。

解密档案
JIEMI DANG'AN

国 别：	德国
乘 员：	4人
全 重：	56吨
武 器：	火炮、机枪

M1A2SEP主战坦克

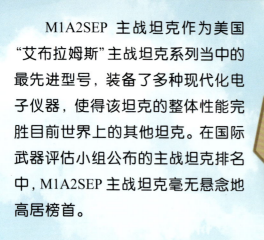

M1A2SEP 主战坦克作为美国"艾布拉姆斯"主战坦克系列当中的最先进型号,装备了多种现代化电子仪器,使得该坦克的整体性能完胜目前世界上的其他坦克。在国际武器评估小组公布的主战坦克排名中,M1A2SEP 主战坦克毫无悬念地高居榜首。

夜视能力强

美国M1A2SEP 主战坦克的夜间作战能力远超其上一代 M1A1,原因在于它装备了第二代前视红外夜视仪组件。该款红外夜视仪的最大探测距离达到 6.8 千米,可实现宽视场和窄视场转换,最大放大倍率比 M1A1 的夜视仪大了五倍。在执行任务时,可以根据实际作战需求不同转换宽视场和窄视场,放大倍率在 3 倍到 50 倍之间任意选择。

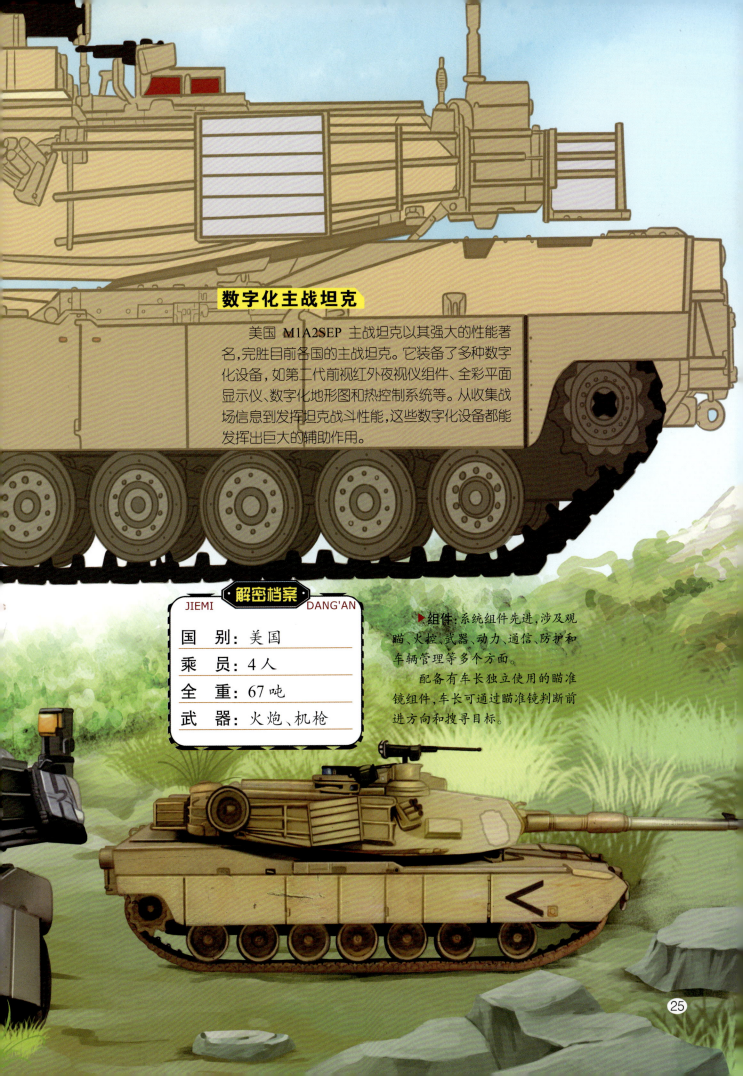

数字化主战坦克

美国 M1A2SEP 主战坦克以其强大的性能著名，完胜目前各国的主战坦克。它装备了多种数字化设备，如第二代前视红外夜视仪组件、全彩平面显示仪、数字化地形图和热控制系统等。从收集战场信息到发挥坦克战斗性能，这些数字化设备都能发挥出巨大的辅助作用。

解密档案
JIEMI DANG'AN

国 别：	美国
乘 员：	4人
全 重：	67吨
武 器：	火炮、机枪

▶组件：系统组件先进，涉及观瞄、火控、武器、动力、通信、防护和车辆管理等多个方面。

配备有车长独立使用的瞄准镜组件，车长可通过瞄准镜判断前进方向和搜寻目标。

▶组件：韩国K2主战坦克装备有三星生产的三方向雷射侦测器，可以干扰敌方的侦测雷达和雷射警报。

外部装备有复合装甲和爆炸反应装甲块，车体内装备有烟雾榴弹发射器和自动灭火装置。

发动机功率为1500匹马力，较之上代主战坦克的发动机增加了300匹马力，该发动机由DoosanInfracore公司和STX发动机公司合作研发。

设置有换气装置，并且较之上代主战坦克有了更大进步，可以越过4.1米深的河川。K2主战坦克还能攀爬最高1.3米的60°斜坡。

K2 主战坦克

韩国K2主战坦克是20世纪90年代由韩国国防科学研究所（ADD）和现代汽车属下单位Rotem研制的一型主战坦克，绰号为"黑豹"。研究过程中还有许多韩国其他国防工业公司的参与，这一研究项目耗资2.3亿美金。该型坦克于1995年开始研发，于2011年正式开始量产，单辆造价为850万美元。据研发机构称，该坦克是全世界技术水平最高的主战坦克之一。

"混血"坦克

　　韩国K2主战坦克的卖点是它强悍的机动性和火力，融合了当今各家第三代主战坦克的长处，是名副其实的"混血"坦克。其在火控系统、火炮威力、装甲防御、动力等方面都跨入了当今先进坦克的行列，较之上一代K1主战坦克有着极大提升。

"国产"之光

　　韩国K1主战坦克是在美国克莱斯勒防务公司的帮助下研制完成的，但是韩国并不满足于此，紧接着就开始研发新型的K2主战坦克。研发K2的过程中更加注重国产化，最终韩国也做到了这一点，K2主战坦克全车零件的国产率超过90%。

"梅卡瓦"IV型主战坦克

以色列"梅卡瓦"IV型主战坦克是以色列装备的最新型主战坦克,于2002年6月首次公开展示。"梅卡瓦"IV型坦克的主要火力输出沿用了"梅卡瓦"III型坦克的装备,这辆主战坦克是以色列继"梅卡瓦"III型坦克后的最新杰作,代表着以色列坦克装甲车辆研发的最高水平。

国　别：	以色列
乘　员：	4人
全　重：	65吨
武　器：	火炮、机枪

▶ 组件：采用模块式复合装甲，比"梅卡瓦"Ⅲ型坦克更为先进，主要是它的复合装甲组件用了新材料，装甲结构样式也有新变化。

保持了上代坦克动力舱前置的特点，前置发动机有主装甲防护。

火控技术升级的最大特点是采用数字化炮塔及 EL-OP 火控系统。

采用由德国 MTU 公司制造的 GD883 柴油机，最大功率达 1.1 兆瓦。

"飞碟形"炮塔

"梅卡瓦"Ⅳ型坦克继承了前三代坦克重视防御性能的特点，在防御措施上进一步加强。整个炮塔形状扁平，状如飞碟，四周带有复合装甲及间隙装甲，正面装甲呈楔形。这种装甲外形设计能有效地抵御敌方火力的正面冲击，极易导致敌方武器在命中时产生滑弹，面对从高处的袭击尤其有效。

"大卫王"

"梅卡瓦"Ⅳ型坦克较为适合在城市环境作战，即便是避免了野外战场，以色列军方还是没有在坦克的防御性能上掉以轻心。该坦克正、侧面的装甲厚度几乎是一般坦克的近两倍，整车的大半重量都来自厚实到令人发指的装甲，这也促成了该款坦克成为世界上最重的主战坦克之一。

升级困难

"勒克莱尔"主战坦克相较于其他国家的主战坦克而言,它的许多零部件存在技术问题,这一问题限制了整个系统的升级。如果要顺利升级该坦克的作战系统,就必须为这些零部件找到替代品,或者重启生产线再生产一批能适用系统升级的零部件。这样一来,势必会大大增加升级难度和升级时间。

▶ **组件:** 车体和炮塔采用复合式装甲,外部形状扁平。在等重量的情况下,该陶瓷复合式装甲设计的防护性能比钢质装甲还要高出许多。

装备有激光报警装置、激光屏蔽装置和激光对抗装置。激光报警器的传感器为被动式,可对敌人1.06微米波长激光发出报警信号;屏蔽和对抗装置有多个发射器,可发射烟幕弹以遮蔽可见光、近红外和远红外光,还可以形成红外和金属箔假目标。

解密档案

JIEMI DANG'AN

国 别:	法 国
乘 员:	3 人
全 重:	53 吨
武 器:	火炮、机枪

"勒克莱尔"主战坦克

法国"勒克莱尔"主战坦克诞生于20世纪80年代,由法国GIAT集团负责研制,是一型整合了履带式战车、侦察车、火炮和自走炮的新一代主战坦克。另外,"勒克莱尔"主战坦克的预警系统和控制系统也十分出色。

成本高昂

  法国"勒克莱尔"主战坦克采用过多的先进技术,导致整车造价昂贵。尽管"勒克莱尔"主战坦克的作战性能十分优秀,但成本高昂这一问题让它在招标中屡屡受到冷遇。另外,"勒克莱尔"主战坦克不仅仅是造价高昂,使用该坦克的成本相较于其他坦克一样高昂,因为它过多地使用先进技术,导致许多车载系统结构过于复杂,所以对乘员的培训就是一个大问题。

"挑战者"Ⅱ型主战坦克

"挑战者"Ⅱ型主战坦克由英国维克斯防务系统有限公司制造,英国军方多次订购这一型主战坦克。"挑战者"Ⅱ型主战坦克于1998年6月正式装备于英国陆军。英国维克斯防务系统有限公司为了满足国外市场的需求,还在"挑战者"Ⅱ型主战坦克的基础上设计出挑战者2E型主战坦克,以适应各种环境恶劣的战场。

"重量之最"

"挑战者"Ⅱ型主战坦克是目前世界上现役坦克当中最重的一型坦克。"挑战者"Ⅱ型主战坦克的重量约62.5吨,配备附加装甲模块的情况下重量会达到75吨,据称"挑战者"Ⅱ型主战坦克的极限情况可以达到82吨。

马力不足

　　"挑战者"Ⅱ型主战坦克的机动性还停留在上一代的档次上,无法与"豹"2、M1 系列坦克相比,因此"挑战者"Ⅱ型主战坦克没有大批量生产,在国际市场上也并不受欢迎。出于对"挑战者"Ⅱ型主战坦克机动性的考虑,英国维克斯防务系统有限公司后期生产出了"挑战者"Ⅱ的改进型号"挑战者"2E。

　　▶ 组件:装备了一门口径为 120 毫米的线膛坦克炮,该炮产自 BAE 系统公司皇家军械分部。

　　炮塔可 360° 旋转,炮身材质为电炉渣精炼钢,装置有膛口参照系统。炮塔中还装有一套核、生、化防护系统。

　　装备有数字火控计算机,该计算机产自计算设备公司,计算机系统内还可加装其他火控系统,如战场信息控制系统。

解密档案
JIEMI　　DANG'AN

国　别:	英国
乘　员:	4 人
全　重:	62.5 吨
武　器:	火炮、机枪

T-90S 主战坦克

T-90S 主战坦克为 T-90 的出口型坦克，而 T-90 是俄罗斯国防企业于 20 世纪 80 年代末对 T-72 坦克进行深度改进升级后推出的。俄罗斯联邦国防采购局第一副局长谢尔盖-玛耶夫对这一型坦克十分看好，多次公布购买计划。T-90S 主战坦克在国际市场很受欢迎，印度、阿塞拜疆和越南等国多次购买。

优势显著

相较于美国的主战坦克，俄罗斯这一型用于出口的 T-90S 主战坦克在很多方面都有着显著优势，尤其是重量和速度这两项令各国买家十分满意。此外，T-90S 主战坦克的装甲为最新一代的爆炸反作用装甲，可有效抵御反坦克导弹的攻击，这一性能是国外其他坦克所不具备的。

内部粗糙

比起 T-90S 的性能，其内部布置就显得惨不忍睹了。T-90S 的挡位控制杆采用全手动挂挡，外形竟然和 20 世纪农村的拖拉机差不多。方向操控采用的不是方向盘，而是老式的左右双杆。另外，车内设备布置非常凌乱。比如各种设备的走线很随意，炮塔内壁细节完全没有处理，到处坑坑洼洼，十分粗糙。

解密档案

JIEMI   DANG'AN

国　别：	俄罗斯
乘　员：	3 人
全　重：	46.5 吨
武　器：	火炮、机枪

▶ 组件：配备 125 毫米滑膛炮，可发射激光制导炮弹。这一款激光制导导弹的毁伤单元采用高爆破甲弹，可攻击带有爆炸反应装甲的坦克或低飞的直升机。

装备有"窗帘-1"电子压制系统，能干扰有线反坦克导弹制导系统。T-90S 主战坦克的装甲为最新一代的爆炸反作用装甲。

驱动部分采用的是柴油机。柴油机能适用多种环境，可使用多种燃料，故障较少，保养容易。

90式主战坦克

20世纪70年代,日本开始着手研究90式主战坦克,于1974年正式订下研制计划,1977年开始部件制造和试验工作,1990年定型,这也是90式主战坦克名字的由来。

解密档案
JIEMI DANG'AN

国　别:	日本
乘　员:	3人
全　重:	50.2吨
武　器:	火炮、机枪

▶**组件**:火控系统由火控计算机、观瞄装置、激光测距仪和热成像仪等组成,具有独创性,处于世界顶尖水平。

配备有自动装弹机,省去了人力,发射炮弹的速度相当快。配备的炮弹主要为多用途空心装药破甲弹和钨合金尾翼稳定脱壳穿甲弹。

发动机为两冲程水冷V型涡轮增压柴油发动机,产自三菱重工,输出功率达811千瓦。

停滞不前

20世纪90年代初，日本90式主战坦克是公认的世界一流坦克，然而这些年来日本90式坦克的技术还停留在90年代初，没有进行任何的改进，也没有新的技术加入，渐渐被其他国家的坦克超越。

"贵如黄金"

日本90式主战坦克的出厂单价在20世纪90年代为750万~850万美元，这个数目放在那个年代可谓是"贵如黄金"，美国M1A1"艾布拉姆斯"坦克的价钱也只有它的一半，在当时堪称世界之最。

T-84 主战坦克

乌克兰T-84主战坦克诞生于20世纪90年代中期,由乌克兰哈尔科夫莫洛左夫坦克设计局负责研制。该型坦克是以苏联T-80UD主战坦克为基础改进而来,继承了苏式坦克短小精悍的优点,同时结合了西方坦克注重乘员生存能力及操作舒适性等优点,属于第三代半主战坦克。

▶ 组件: 装备有一门 125 毫米的 KBA-3 型滑膛坦克炮, 是由苏联 2A46M-1 型滑膛炮改进而来。

装备有复合式装甲, 车体首上装甲由四层组成, 总厚度为 523 毫米。

采用一款总功率达到 1200 马力的发动机。

解密档案

JIEMI DANG'AN

国 别:	乌克兰
乘 员:	3 人
全 重:	48 吨
武 器:	火炮、机枪

越野"猛兽"

乌克兰 T-84 主战坦克采用了一款总功率达到 1200 马力的发动机, 越野速度也可以达到 40 千米 ~ 50 千米, 越障性能十分可观。此外, 乌克兰 T-84 主战坦克继承了苏系坦克的防寒性能, T-84 坦克可以在-55℃ ~ -40℃之间正常使用。

做工粗糙

T-84 主战坦克的漆面不平整, 焊工不仅中断还进行了补焊。在不太注意的坦克炮塔座圈部位, 表面处理得更是惨不忍睹, 就和泥巴糊在墙上一样凹凸不平。

阿琼主战坦克

阿琼主战坦克是 20 世纪 70 年代中期印度与德国公司合作研发的一种现代化主战坦克,因此这一型主战坦克从整体外观到设计都与德国研制的"豹"2 主战坦克十分相似。印度政府为了研制阿琼主战坦克耗资 1.55 亿卢比,放在那个年代的印度可谓是下了血本,研制后期由于问题不断,印度政府又追加了拨款。阿琼主战坦克第一辆原型车于 1984 年下线,2004 年 8 月 7 日,阿琼主战坦克 MK1 型第一辆批量生产型交付印度陆军。

▶组件:结构形式采用常规炮塔式,将动力装置放在车体后部,武器安装在炮塔上。

最初的动力装置为燃气轮机,后来改用了 12 缸风冷可变压缩比柴油机,有1500 马力。

第一批阿琼使用传统钢制装甲,而后面换装印度防卫冶金实验室研发的复合装甲,其装甲结构包含多种夹层。

解密档案
JIEMI DANG'AN

国　别:	印度
乘　员:	4 人
全　重:	58.5 吨
武　器:	火炮、机枪

研制时长之最

　　尽管有德国参与，但这一型坦克的研制还是创造了世界坦克研制时长之最，研发过程历时三十年，成品却仍然存在缺陷。阿琼主战坦克由于技术故障和紧扣零件短缺于 2015 年停用，被新的型号所取代。

"耻辱"坦克

　　自 1974 年印度政府立项研制阿琼主战坦克开始，问题不断，多次修改，花钱不止。经过长达三十年的研制，阿琼坦克诞生了，但它在发动机、主炮乃至装甲防护方面都无法满足基本作战需求，性能堪忧；而且它还严重超重，以至于无法适应许多战场。

C1"公羊"主战坦克

"公羊"主战坦克是20世纪90年代意大利奥托·梅莱拉公司研制的一型主战坦克。该坦克于1984年启动坦克研制，1986年设计完成并开始试制，1988年通过意大利军方的全面测试，1995年正式服役，仅装备意大利陆军，属于第三代主战坦克。

性能平均化

"公羊"主战坦克的设计可谓精打细算，具有很高的效费比，其性能属于20世纪80年代中后期水平。公羊主战坦克的设计特点是三大性能平均化：火力水平中规中矩，采用的是北约标准的120滑膛炮；机动性能较之"挑战者"略强，装甲水平较之"豹"2略优。

性价比高

"公羊"主战坦克于1988年通过意大利军方的全面测试。1992年6月，公羊主战坦克通过了行驶和火力等一系列测试，正式定型，其制造成本仅为70万美元。以同时期的主战坦克的造价作为对比，整体性能并不落后的"公羊"主战坦克要便宜几十万美元，性价比高。

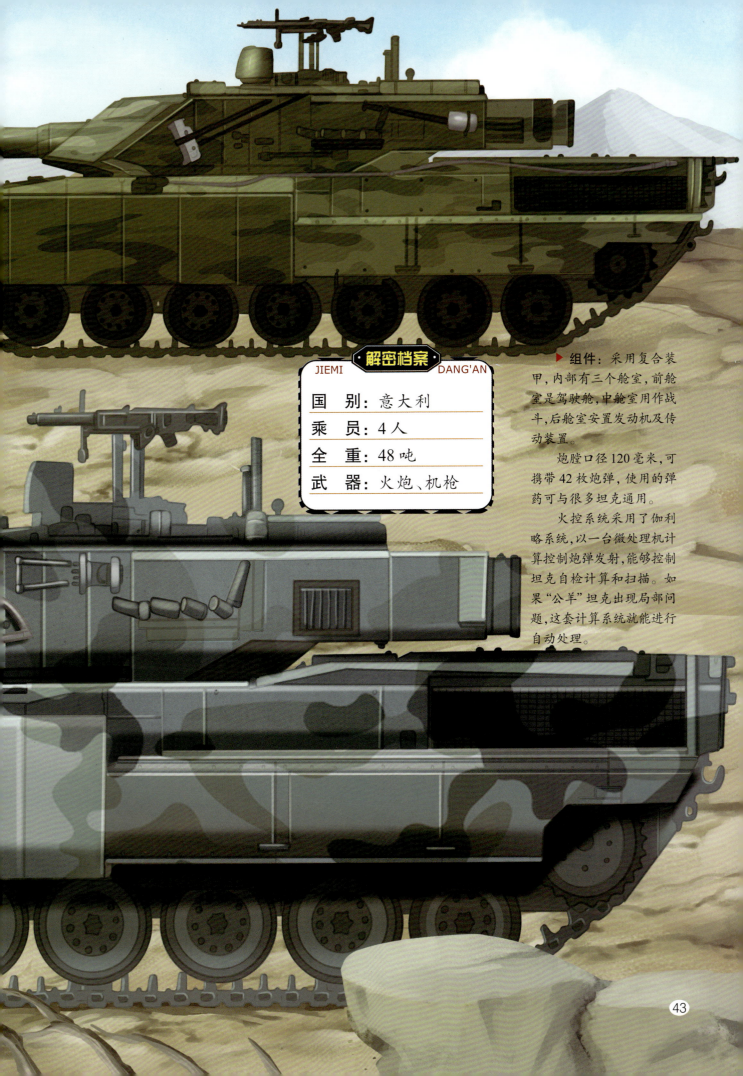

国　别：意大利

乘　员：4人

全　重：48吨

武　器：火炮、机枪

▶组件：采用复合装甲，内部有三个舱室，前舱室是驾驶舱，中舱室用作战斗，后舱室安置发动机及传动装置。

炮膛口径120毫米，可携带42枚炮弹，使用的弹药可与很多坦克通用。

火控系统采用了伽利略系统，以一台微处理机计算控制炮弹发射，能够控制坦克自检计算和扫描。如果"公羊"坦克出现局部问题，这套计算系统就能进行自动处理。

缺陷突出

作为美国研制并大量制造的第二代主战坦克，M60 主战坦克及其系列型号，火力、防护和机动性能优异，装备美国陆军并出口到世界 17 个国家和地区。但 M60 主战坦克有着突出的缺陷，该系列坦克存在功率不足且加速性差的问题，另一个缺陷是车身高大。

"老当益壮"

M60 主战坦克在美军服役了三十年之久，即便是当美军标志性的 M1 艾布兰坦克登场后，M60 主战坦克仍在美国海军陆战队服役。到了 20 世纪 80 年代初，新世代的 M1 艾布兰坦克进入美国陆军，只有美国海军陆战队还在使用 M60。在 1991 年波斯湾战争期间，许多人担心 M60 性能不如伊拉克的 T-72 坦克，所幸海军陆战队的 M60A1 仍然表现良好。

M60 "巴顿" 主战坦克

M60 坦克是美国陆军为了取代 M48 坦克研制的最后一代巴顿系列坦克。M60 坦克在冷战时期被当作主战坦克使用，于 1962 年开始生产并装备部队，直到 20 世纪 90 年代早期才退役。M60 系列主战坦克除装备美国军队外，还出口到以色列、埃及、奥地利、沙特阿拉伯等 17 个国家和地区。

国　别：	美国
乘　员：	4人
全　重：	45.6吨
武　器：	火炮、机枪

▶组件：驾驶舱装置有单扇舱盖，驾驶员位于车前中央。内部装备有3具 M27 前视潜望镜，另装备有1具 M24 主动红外潜望镜用于夜间驾驶。

采用整体式铸造炮塔，炮塔位于车体中央，前部较尖，采用细长的防盾，外部后方有储物筐篮。

乘员舱内部配备有加温器，可架设潜渡通气筒在潜渡时使用。坦克的车体前部可以安装 M9 推土铲，用于准备发射阵地或清理障碍。

M48"巴顿"中型坦克

M48 中型坦克是 20 世纪 50 年代美国以 M47 中型坦克为基础进行改良研制而成。是美国在冷战时期使用的第三代"巴顿"系列坦克，从 20 世纪 50 年代早期开始服役，后来被 M60 坦克取代。然而美国的许多盟国并未放弃 M48 坦克，他们用新技术对 M48 坦克进行改良。时至今日，M48 坦克仍服役于某些国家的陆军。

易于维修

　　M48 中型坦克发动机、传动系统的稳定性高，有故障也非常容易维修。我军搞到 M48 后，对其性能赞不绝口。

可靠性不足

　　M48 中型坦克于 1953 年起装备美军，仓促研制的 M48 中型坦克，从 1951 年制成样车，到 1952 年 7 月第一辆定型坦克驶离生产线，由于没有经过充分的试验，所以在可靠性方面存在严重的问题。有时在坦克高速行驶时，变速箱竟会"自动地"从高挡跳到低挡，使搭载步兵从车上甩出去，酿成重大事故。发动机和行动装置也常常出毛病。

　　▶ 组件：装备有一门 105 毫米线膛炮，采用整体铸造炮塔和车体，内部有焊接加强筋，底板上设置有安全门，内配有灭火器和毒气过滤装置。

　　车体和炮塔都是钢装甲架构，车体前部呈船形，炮塔呈半球形。

　　沿用了"巴顿"系列的扭杆悬挂，每侧有 6 个铝制双轮缘挂胶负重轮。

　　耗油量大，行程只有 110 千米。为解决这一问题，M48A3 坦克更换了先进的 AVDS-1790-2A 柴油机，行程增加到 450 千米。

解密档案
JIEMI　　　　　　DANG'AN

国　别：	美国
乘　员：	4 人
全　重：	49 吨
武　器：	火炮、机枪

T-34 中型坦克

T-34 中型坦克诞生于第二次世界大战之前，由苏联哈尔科夫共产国际工厂研制，属于中型坦克。在 20 世纪 40 年代到 50 年代，苏联对 T-34 中型坦克实行大规模量产，该系列坦克一共生产了 84070 辆。T-34 坦克带有倾斜装甲的设计思路在当时是一大亮点，对后世的坦克发展有着深远及革命性的影响。

战损率奇高

T-34 中型坦克总产量超过 5 万辆，但战争后最后只剩下大概 1 万辆还能用。作战期间，T-34 中型坦克因战损被维修后重新投入战场，这样反复使用的情况下，使得 T-34 中型坦克创下了二战中被摧毁数量最高的坦克的纪录。

完美的平衡

　　T-34 中型坦克装备的火炮和穿甲弹具有不俗的威力。同时，所具备的无与伦比的机动性，让 T-34 中型坦克在苏联原始的道路环境下，能够进行有效的战术机动，甚至进行战略机动。T-34 中型坦克另外配备了克里斯蒂悬挂装置，使它的机动性和越野能力得到了进一步提高。T-34 中型坦克可以轻松地穿过泥泞的道路而不受影响。

　　▶ 组件：炮塔设计有简易炮塔和新式六角形炮塔两种，均采用 F34 型火炮。

　　后期配备了无线电装置后，又对炮塔进行了改进，使得其实战发挥能力有很大提高。

　　发动机功率 500 马力，最大公路速度 75 千米/小时，最大行程 400 千米，装备一门 76 毫米坦克炮。

T-55 中型坦克

T-55 是由苏联研制的一型中型坦克,其在火炮威力和机动性能上尤为突出。T-55 中型坦克的设计在当时可谓是革命性的,其悬挂系统让当时的各国争相效仿。T-55 中型坦克并没有装备什么高科技产物,但其总体性能十分优秀。T-55 主战坦克曾大量装备印度陆军,经改装目前仍有 700 多辆在役。

▶ 组件:装备有一门 100 毫米线膛坦克炮,主炮弹药数量为 45 发,这些弹药中包括穿甲弹和高爆破片弹。

火控系统并不复杂,方便车内人员进行操控。车长只需搜寻目标,为炮长指示目标,然后由炮长进行精准打击。

装备有 TPKU-2B 型观瞄装置,较之上代的 TPKU 观瞄装置在性能上有明显提升。

炮塔是 T-34 坦克炮塔的改进型,不同的是炮塔底部没有突出的颈环。

解密档案
JIEMI DANG'AN

国 别:	苏联
乘 员:	4 人
全 重:	39.5 吨
武 器:	火炮、机枪

廉价实用

　　T-55 坦克继承了 T-34 坦克的优点，综合性能十分优秀。其结构简单、容易操作、造价低廉，具有装甲良好、使用维修简便等优势。T-55 中型坦克经历过多场战争，实战能力得到各国认可，威力不容小觑。

革命性的设计

　　提到 T-55 中型坦克，各国军迷首先想到的是它的机动性。T-55 坦克的机动性在那个年代堪称"革命性的突破"，配合优秀可靠的悬挂系统，T-55 坦克可以毫不费力地穿山越岭。作为第一代坦克中的优秀产品，T-55 坦克 1958 年进入苏联部队服役，一度大受欢迎，产量达到 50000 辆以上。

TAM 中型坦克

TAM坦克诞生于20世纪70年代，是阿根廷政府委托蒂森·亨舍尔公司研制的一型中型坦克，后来更名为VCTP。在研制完成后，蒂森·亨舍尔公司首先将三辆TAM样车和三辆VCTP样车运送至阿根廷，经过测试后，阿根廷政府随即在阿根廷一家新建的工厂中开始生产TAM和VCTP，总计512辆。

▶ **组件**：装备有一门105毫米的火炮，安装在外侧防盾内。

火炮身管上装有热护套和抽烟装置，火炮仰角为+18°，俯角为-7°。

火控系统包括红外夜间瞄准镜和合像式光学测距仪等。

车体和炮塔采用焊接结构，动力传动装置安装在车体前部，起到部分装甲的作用。

两侧各有6个负重轮和3个拖带轮，主动轮在前，诱导轮在后，在第一、二、五、六负重轮配备有液压减震器。

解密档案

JIEMI   DANG'AN

国　别：	阿根廷
乘　员：	4人
全　重：	30吨
武　器：	火炮、机枪

"德国血统"

阿根廷政府由于欠缺制造坦克的相关经验，于是找到德国蒂森·亨舍尔公司协助设计和建立生产线。蒂森·亨舍尔公司经过评估，决定以德国陆军的"鼬鼠"装甲战斗步兵车的车体为基础来开发。第一辆原型车于1976年在德国出厂，接着展开为期两年的各项测试。

变形车

为了满足阿根廷陆军需求，TAM坦克底盘上安装了意大利"帕尔玛利亚"自行榴弹炮，制成了自行火炮车；同样是出于需求，阿根廷陆军以VCTP步兵战车底盘为基础，发展了一种称为VCRT的新型装甲抢救车。另外，德国有多种试验车型。其中发射车用TAM坦克底盘改制，去掉炮塔，安装以色列军事工业公司的LAR160型多管火箭发射系统。

"黑豹"中型坦克

　　"黑豹"中型坦克一般指五号中型坦克,是德国在二战中为了应对苏联 T-34 中型坦克而研制的一型中型坦克。该坦克采用新式 55° 倾斜装甲和长身管 L/70 Kwk42 75 毫米主炮,在二战中大放光彩,被誉为最成功的中型坦克之一。

▶ **组件**:装备有一门口径为 75 毫米的火炮,在二战中虽不算是最大口径的火炮,但却是当时最具威力的火炮之一。

　　炮塔上和车身斜面上各安置了一架 MG34 机枪,能够扫除接近坦克的步兵,还能起到防空用途。

　　安装了一台可以提供 700 匹马力、以齿轮箱及掌控系统驱动的梅巴赫 HL230P30 V-12 汽油发动机,而这种发动机理论上可以承受连续行进 2000 千米的负荷。

巅峰之作

　　"黑豹"中型坦克可以说是德国在二战期间中型坦克设计建造的巅峰之作,苏联的 T-34 中型坦克在它面前简直就是活靶子,其装备的 KWK.42/L70 超倍径 75 毫米坦克炮甚至可以对抗 IS-2 重型坦克。它在战场上的表现可圈可点,这种装备了夜视仪的坦克,在二战中几乎能够碾压所有同级别的敌方坦克。

二战传奇

　　"黑豹"中型坦克在二战中备受瞩目。直至二战结束,"黑豹"中型坦克一直占据着德军装甲战车的主力位置。豹式坦克在战斗中的表现在当时可谓传奇,根据美军的统计数据,平均一辆"黑豹"中型坦克可以击毁 5 辆 M4 谢尔曼坦克或大约 9 辆 T-34 坦克。

解密档案
JIEMI DANG'AN

国　别:	德国
乘　员:	5 人
全　重:	44.8 吨
武　器:	火炮、机枪

M4 "谢尔曼"中型坦克

M4 "谢尔曼" 中型坦克诞生于二战期间,是美国在M3格兰特的基础上研制的一型主力坦克,产量高达49234辆,生产数量仅次于苏军的 T-34 坦克。M4 中型坦克与上一代坦克的主要区别在于炮塔。M4 中型坦克于 1940 年 8 月开始研制,于 1942 年开始批量生产。

不可超越

二战期间，M4"谢尔曼"坦克具有他国坦克无法超越的独特优势，这让德苏两国望尘莫及。一是质量上乘，性能可靠，故障极少，出勤率高。二是技术先进，性能不俗。综合来看，M4 谢尔曼中型坦克在作战中往往能占据先发优势。此外，有着美国工业作为后盾，M4"谢尔曼"坦克的产量也完全能得到保障。

战功赫赫

M4"谢尔曼"坦克是二战时期的顶尖坦克之一，凭借它庞大的数量，在战场上发挥着重要作用，创下了赫赫战功，深受步兵的爱戴甚至依赖，惜命的美国大兵在地面战斗中常常是等不来 M4"谢尔曼"坦克就不发起进攻。二战期间，德国、意大利和日本陆军的坦克、步兵、火力点都没少受 M4"谢尔曼"坦克的"关照"。

▶ **组件**：配备有 500 马力的汽油发动机，这在二战期间是十分突出的，使"谢尔曼"坦克具有 47 千米的最高公路时速。

早期装备的是一门 75 毫米的 L/40 加农炮，后期改换成 76 毫米的 L/52 火炮。

外部装甲成 47°倾斜角，能够提供大倾角效应。

解密档案
JIEMI　　DANG'AN

国　别：	美国
乘　员：	5 人
全　重：	33.65 吨
武　器：	火炮、机枪

索玛 S-35 中型坦克

索玛 S-35 中型坦克诞生于 20 世纪 30 年代,由法国 SOMUA(索玛)公司制造。索玛 S-35 中型坦克的炮塔和车体是钢铁铸造而成,装备有无线电对讲机,是 20 世纪 30 年代设计最先进的坦克。索玛 S-35 中型坦克于 1936 年开始批量生产,至 1940 年共生产约 500 辆。

效率不足

索玛 S-35 中型坦克在设计上有许多亮点,但它存在一个明显的缺陷,它的单人炮塔设计限制了车长的工作范围。实战中,索玛 S-35 中型坦克的车长常常出现无法兼顾多种需求的问题,以至于作战效率受到限制。如果索玛 S-35 中型坦克能够在炮塔里容纳下哪怕是 2 人,都可以大大提升作战效率。

解密档案 JIEMI DANG'AN

国 别:	法国
乘 员:	3 人
全 重:	19.5 吨
武 器:	火炮、机枪

大胆创新

当时世界主流还是采用铆钉结构，而索玛S-35中型坦克的车体和炮塔大胆地采用了焊接结构。此外，这一款坦克还采用了许多创新技术，其炮塔被设计成一个全铸造结构，装甲钢板也尽可能地采用整体锻造工艺。无论是炮塔，还是车身装甲，其厚度都达到了40毫米，保障了该坦克的防御性能。

▶ **组件**：采用钢铁材质的车体和炮塔，配备无线电对讲机。

装备有一台八缸汽油发动机，功率为190马力，在公路上的最高时速可达40千米。

坦克炮为47毫米口径，这个口径比之当时其他坦克的口径要大上不少，威力自然也更大。它的装甲较之其他坦克也更厚重，难以被当时多数坦克的炮击击穿。

轻型坦克

现代坦克始祖

"雷诺"FT-17轻型坦克诞生之后,其设计理念很快引发世界各国坦克设计界的革命浪潮,各国纷纷学习"雷诺"FT-17轻型坦克的设计亮点。法国"雷诺"FT-17轻型坦克的出现对此后世界各国的坦克发展都有着不同程度的影响。

划时代设计

"雷诺"FT-17轻型坦克是世界上第一款安装旋转炮塔的坦克。炮塔整体安装在滚珠座圈上,炮塔顶部有开了许多观察孔的指挥塔。另外它还安装了当时比较先进的悬挂系统,车身前部的诱导轮很大,便于克服地面障碍。

"雷诺"FT-17 轻型坦克

"雷诺"FT-17轻型坦克是法国在第一次世界大战期间研制的一型轻型坦克,作为世界上第一种旋转炮塔式坦克,它曾在一战二战中参战,是当之无愧的元老级坦克。该坦克于1917年4月9日试验成功,1917年9月投入量产,1917年3月由雷诺汽车公司交付给法军,到一战结束时,一共生产了3187辆,是一战中产量最多的坦克。

| 国　别：法国 |
| 乘　员：2人 |
| 全　重：7吨 |
| 武　器：火炮、机枪 |

▶**组件**：主要部分为发动机、变速箱、后置主动轮、前置操纵装置。

炮塔安置在车体中前部,可以360°旋转,使得车长拥有良好的视野,提高了坦克的火力反应及速度。

四种基本车型:一种装备8毫米机枪,一种装备37毫米短管火炮,一种装备75毫米加农炮,还有一种为通信指挥车。

优/缺点：

1.装甲防护差。车体和炮塔均采用钢板焊接结构，装甲厚度不足40毫米，无法抵挡反坦克弹药的攻击。

2.机动性较好，但并不突出。M24轻型坦克的车体轻，但由于它的发动机性能一般，以至于难以让该坦克的机动性迈入突出行列。

3.有一定的反装甲作战能力。M24轻型坦克有着不俗的火力，其主炮对轻型装甲目标、舟艇等杀伤较大。

4.能空投作战。M24轻型坦克车体轻，整体结构适于空投，也是战后美军设计的第一种能空投的轻型侦察坦克。

"久经沙场"

M24轻型坦克于1944年开始装备美国陆军，二战后，M24轻型坦克出口多个国家，除了美军外，法国、伊拉克、日本等多国也使用了这一型轻型坦克，可谓是名副其实的沙场老将。20世纪50年代，M41轻型坦克取代了M24轻型坦克在美军中的地位，但M24坦克仍活跃于其他国家，甚至现在还服役于一些国家。

M24 轻型坦克

M24轻型坦克是20世纪40年代由美国通用汽车凯迪拉克汽车分公司研制的一种轻型坦克。M24轻型坦克的研制计划受到美国军方重视，于1943年3月开始研制，同年10月美国军方对样车进行了测试，于1944年4月进行了试产。到1945年6月，M24轻型坦克一共生产了4070辆。

▶ **组件**：炮塔采用传统结构，车内由前至后分为驾驶室、战斗室和发动机室。

顶舱可旋转，采用固定式指挥塔。炮塔内部有一个备用座椅，后部安装有一挺高射机枪，火炮位于炮塔正中央，另有一挺机枪安装在火炮右侧。

火力装备为75毫米GunM6；2 × 30caliberMGM1919；1 × 12.7毫米 M2MG。

引擎为 2 × 44T24V8；发动机为 2 ×凯迪拉克系列44T24；300/220 匹；悬挂系统扭力棒。

解密档案
JIEMI　　　　　DANG'AN

国　别：	美国
乘　员：	5人
全　重：	18.4 吨
武　器：	火炮、机枪

M41 轻型坦克

国　别：	美国
乘　员：	4 人
全　重：	23.5 吨
武　器：	火炮、机枪

M41 轻型坦克的诞生是美国为了替换军队中的 M24 坦克，在 M24 轻型坦克的基础上改进而成。该坦克于 1951 年投产，1953 年装备美国陆军。这一型轻型坦克为了适应战争需要，在火力和机动性上较之上代轻坦要优秀不少，但防护仍然较弱。后来美军中的 M41 轻型坦克虽被 M551 轻型坦克取代，但它仍在世界许多国家和地区服役，总产量约 5500 辆。

缺点明显

M41 轻型坦克有着速度快、操作简单的优点，受到特种部队的欢迎，但它的缺点也十分突出。首先是该坦克在行进过程中产生的噪声很明显，不大的车身却有着高耗油率，且行程较短。另外，由于较之其他轻坦明显偏重的重量，使空中运输变得较为困难。最后是它没有配备雷达，这样，M41 轻型坦克在天气状况不好的情况下作战势必会受到影响。

高速化设计

相较于上代的 M24 轻型坦克，M41 轻型坦克的机动性得到了提升，其最大公路速度更是有惊人的每小时 72.4 千米之多。它配置有一台 Continental 公司生产的 AOS-895-3 型 6 缸风冷汽油机，强大的马力配合高速化设计，让 M41 轻型坦克的推重比达到每吨 21.2 匹马力，这已经赶得上当时很多轮式装甲车辆的速度！

▶组件：装备有一门口径为 76.2 毫米的长身管坦克炮，该型坦克炮的突出特征是它的 T 型炮口制退器。

动力装置采用的是 Continental 公司生产的 AOS-895-3 型 6 缸风冷汽油机，功率为 500 马力。

两侧各有 5 个负重轮，在第一、二、五负重轮位置安装液压减振器，配置有独立式扭杆悬挂。履带采用钢制履带板，可拆卸。

M551 轻型坦克

M551 轻型坦克诞生于 20 世纪 60 年代，是美国军方为了替换 M41 轻型坦克而研制的一种轻型坦克。该坦克于 1962 年年底制成首批样车，1963 在部队进行了测试，1967 年才正式服役于美国军方，至 1970 年总产量约 1700 辆，主要装备美国装甲骑兵营。M551 坦克火力突出，能为主战坦克提供火力支援。

作战效率低

M551 轻型坦克有两大特点：一是两用火炮可发射反坦克导弹，二是可运输机空运空投。然而实战中 M551 轻型坦克暴露出了反坦克导弹制导时间长和导弹飞行速度低的问题，看似威力不俗，作战效率实则并不理想。另一方面，M551 轻型坦克并不适合空中运输，这一问题进一步拉低了它的作战效率。

▶**组件**：车体由铝装甲焊接而成，车体从前向后分别是驾驶舱、战斗舱、动力舱。

指挥塔安装有 10 个观察镜，可供车长环视车外情况。

配备产自 General Motors 公司的 6V-53T 型 2 冲程 6 缸水冷涡轮增压柴油机，最大输出功率为 300 马力。

小身板扛大炮

在美国军方的构想中，M551 轻型坦克需要强大的火力，要能起到辅助主战坦克的作用，因此为它配备了一门口径为 152 毫米的火炮，这是典型的小车扛大炮。这一设计的目的在于与敌方装甲力量对抗，是军备竞赛的产物。正因为 M551 轻型坦克突出的火力，它在当年的战场上获得了"现役坦克中火炮口径最大"的"桂冠"。

解密档案
JIEMI DANG'AN

国　别：	美国
乘　员：	4 人
全　重：	15.8 吨
武　器：	火炮、机枪

战略机动性强

  蝎式轻型坦克身小体轻，适合空投作战，运输也十分方便，时至21世纪依然受到多国军方关注，具有全地形装甲车特点，越野性能优于轮式战车，战略机动性强。蝎式轻型坦克能适应多种作战环境，攻防兼备，易于维修，还可根据需求对其进行改型，受到一些国家快速反应部队的欢迎。

蝎式轻型坦克

  蝎式轻型坦克诞生于20世纪60年代，是英国陆军装备的一种全铝合金结构的轻型坦克，体形小，重量只有8.1吨，加上战斗人员和弹药，其全重也只有主战坦克的1/6～1/9，特别适合空投作战。蝎式轻型坦克于1967年9月开始研制，1972年1月正式服役于英国陆军。

史上最轻的坦克

  蝎式轻型坦克的特点是车体采用全铝合金结构，将车体全重降到8.1吨。其战略机动性强、易于维修，而且运输方便，这些优点让它畅销多国。有着各国军方捧场，蝎式轻型坦克成了世界范围内产量第一的轻型坦克，英国已经交货四千余辆，算是英国军工的主打产品之一。

▶ **组件**：车体采用全铝合金结构，驾驶位和动力舱分别位于车体前部的左侧和右侧，作战舱位于后部。

装备有一门口径为 76 毫米的 L23 式火炮，采用半自动凸轮结构，可借助液气复进机返回发射位置，可自动退出空弹壳，炮闩保持开启，等待下次装填。

配备有一台捷豹 J60 型 6 缸汽油发动机，转速为 4750 转/分钟，功率为 190 马力。

解密档案
JIEMI DANG'AN

国　别：	英国
乘　员：	3 人
全　重：	8.1 吨
武　器：	火炮、机枪

AMX-13 轻型坦克

AMX-13 轻型坦克诞生于 20 世纪 40 年代后期，于 1952 年正式开始批量生产，是二战结束后不久由法国伊希莱姆利诺制造厂研制的新型装甲战车，属于新式轻型坦克。AMX-13 轻型坦克加入了自动装弹机，是世界上第一款可以自动填装炮弹的坦克。

解密档案
JIEMI DANG'AN

国　别：	法国
乘　员：	3 人
全　重：	15 吨
武　器：	火炮、机枪

造价低廉

　　AMX-13 轻型坦克的优势在于机动性较好，它的火力和防护能力较之其他轻型坦克略显不足。但 AMX-13 轻型坦克却在为其他轻型坦克的竞标当中胜出，受到许多小国家的欢迎，原因在于它的造价低廉，而且易于改型。

"过渡性装备"

　　总的来说，AMX-13 轻型坦克算得上是便宜实用，是一款应急型轻型坦克，通过各种改装，能将其改型后执行多种战区任务。但是，当苏联坦克的各项性能逐渐提升之后，AMX-13 轻型坦克的不足之处就显得更加突出了，不得不退出历史的舞台。即便是那些手头不宽裕的小国家，也只会将 AMX-13 轻型坦克当作过渡性装备。

▶ **组件**：采用摇摆式炮塔，位置偏后，分为上下两部分。

　　炮塔顶左侧设置有一个圆形舱口盖，炮塔尾侧可向车后延伸，无裙板；车体安装有五组负重轮，主动轮在前，诱导轮在后。

　　车体采用钢板焊接结构，车体前部的上装甲板设置有两个舱口，左右两面分别是驾驶员舱口和动力传动装置检查舱口。

　　配备有一门口径为 75 毫米的火炮，采用自动装弹机，有炮口制退器，火线高 1820 毫米。

PT-76 轻型两栖坦克

PT-76 轻型两栖坦克诞生于 20 世纪 50 年代,是苏联在二战后研制的新一代轻型坦克。该坦克集火力和侦察能力于一体,曾出口多国。尽管后期出口情况堪忧,但 PT-76 轻型两栖坦克在各国的服役记录相当漫长,曾活跃于多处战场,主要执行侦察、警戒和指挥任务。

解密档案
JIEMI　　DANG'AN

国　别:苏联

乘　员:3 人

全　重:14 吨

武　器:火炮、机枪

"纸糊"坦克

PT-76 轻型两栖坦克作为一款两栖装甲车，性能独特，受到多国欢迎，但它的缺点却让各国军人颇为担忧。PT-76 轻型两栖坦克没有三防装置，装甲薄弱，别说是面对反坦克导弹和穿甲弹，就是口径稍大的机枪也能打穿它。另外，PT-76 轻型两栖坦克未配备夜间战斗设备，极易在夜间遭受袭击。

越南杀手锏

PT-76 轻型两栖坦克起初只装备于苏军，后来出口多国，越南正是买家之一。PT-76 轻型两栖坦克能在实战中爬坡过湖，克服多种复杂地形，保存有生力量，有效摧毁敌人的先进工事，在大战中大放光彩。

▶ 组件：车体采用钢板焊接结构，车身从前往后分别是驾驶舱、战斗舱、动力舱。

安装有 1 门口径为 76 毫米的火炮，另有 1 挺口径为 7.62 毫米的并列机枪作为辅助武器。部分型号上还有 1 挺口径为 12.7 毫米的高射机枪。

发动机是一台 6 缸直列水冷柴油机，安装有预热器，最大功率为 240 马力，能适应寒冷环境。

中空设计

为坦克安装双层装甲的情况不算罕见，IKV91轻型坦克车体两侧的装甲正是双层结构，但它这两层装甲中间是空的。IKV91轻型坦克的中空设计能对破甲弹和榴弹起到较好的防护作用。当然，这部分空出来的空间也能存放备用零件和附件。

环境舒适

作为一款轻型坦克，留给乘员的空间并不多，所以各国坦克的乘员工作环境都不算理想，其中尤以苏联坦克内部设计最为粗糙。但瑞典特意考虑到了这一点，在驾驶室和战斗室安装有通风取暖装置，相较于他国的坦克，这可算是环境舒适了。这一条对于冰天雪地里的瑞典坦克兵来说是一个福音。

IKV91 轻型坦克

IKV91轻型坦克诞生于20世纪60年代。瑞典军方为了替换IKV-103式野战炮，选择了AB赫格隆和索纳公司的设计方案，最终研制出这一种属于"步兵坦克"的IKV91轻型坦克，主要目的在于支援步兵抗击敌方坦克。该坦克于1974年投产，1975年正式在瑞典军队服役。

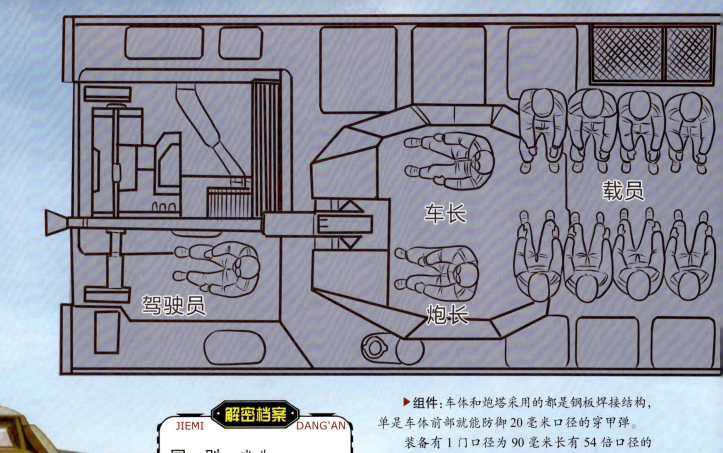

载员

车长

炮长

驾驶员

国　别：	瑞典
乘　员：	4人
全　重：	15吨
武　器：	火炮、机枪

▶组件：车体和炮塔采用的都是钢板焊接结构，单是车体前部就能防御20毫米口径的穿甲弹。

装备有1门口径为90毫米长有54倍口径的KV90 S 73式低膛压线膛炮，配有尾翼稳定破甲弹和尾翼稳定榴弹。

装备Volvo-Penta公司的TD120A型6缸涡轮增压柴油机。这一款发动机要比一般发动机短些，斜置于车内。

配备AGA综合式火控系统，包括1个激光测距仪、数个传感器和1个弹道计算机。

T-26 轻型坦克

T-26 轻型坦克是 20 世纪 30 年代的产物,是苏联红军以维克斯坦克为基础自行改进的一型轻型步兵坦克。20 世纪 30 年代,苏联 T-26 轻型坦克得到广泛使用,直至 60 年代才退役。苏联 T-26 轻型坦克的设计保证了机动性和强火力,在二战前后被各国公认为最为成功的坦克设计之一。苏联一共生产超过 11000 辆 T-26 坦克,这一数量远超过同一时期其他国家生产的任何坦克。

▶ **组件**:T-26 轻型坦克的车体两侧各有 8 个负重轮,采用维克 MK.E A 型坦克的平衡式弹簧悬挂。

配备 1 台 91 马力的 GAZT-26 型发动机,最大行驶速度为每小时 30 千米,最大行程为 225 千米。坦克的主动轮在前,动力舱在后。

早期的 T-26 轻型坦克采用的是双炮塔设计,口径分别为 37 毫米和 45 毫米。它的装甲厚度只有 15 毫米,防护性能明显不足。

解密档案
JIEMI DANG'AN

国 别:	苏联
乘 员:	3 人
全 重:	10.5 吨
武 器:	火炮、机枪

双炮塔设计

初期的 T-26 轻型坦克采用的都是双炮塔设计。实战证明,这一设计限制了坦克作战效能的发挥,需要两名炮手,而且两名炮手的座位不能随炮塔自动旋转,必须由炮手手动旋转。为了避免两座炮塔撞到一起,炮塔上安装了锁扣装置,将两座炮塔的旋转角度限定在了一定范围内。

设备落后

作为一款轻型坦克,T-26 轻型坦克展现了苏联坦克的一贯风格:速度较快,紧抓火力。但 T-26 轻型坦克的缺点也有不少,尽管它的双炮塔设计保障了火力,但这一设计影响了乘员的观察,人机工程也较差。最为关键的是,T-26 轻型坦克即便是放在 20 世纪 30 年代,它的光学设备也算是落后的,其命中率因此并不算高。